上海市文教结合支持项目

爱上中国美

二十四节气
非遗美育
手工课

夏

主编 章莉莉

上海教育出版社
SHANGHAI EDUCATIONAL
PUBLISHING HOUSE

前　言

　　二十四节气是中国人对一年中自然物候变化所形成的知识体系，是农耕文明孕育的时间历法，2016 年被纳入联合国教科文组织的人类非物质文化遗产代表作名录。中国人在每个节气有特定的生活习俗，立春灯彩、清明风筝等，表达了对美好生活的向往。传统工艺是中国人的智慧体现和美学表达，在《考工记》《天工开物》等古籍中，我们看到传统工艺与自然的和谐共生。

　　中国式美育，要让孩子懂得中国文化，熟悉中国传统工艺，了解中国民间习俗。在润物细无声的一年光阴中，在二十四节气更替之际，让孩子们根据本书完成与节气相关的非遗手工，比如染织绣、竹编、造纸、风筝、擀毡、泥塑等，体会四季轮回和传统工艺之美，感悟日常生活、自然材料与传统工艺之间的关系。

　　24 个节气，24 项非遗。斗转星移，春去秋来。非遗传承，美学育人。希望在孩子们心里种一颗中华优秀传统文化的种子，使其生根发芽，朝气蓬勃。

上海大学上海美术学院副院长、教授

上海市公共艺术协同创新中心执行主任

章莉莉　2023 年 4 月

课程研发团队

课程策划：章莉莉

学术指导：汪大伟、金江波

课程指导：夏寸草、姚舰、郑珊珊、柏茹、万蕾、汪超

课程研发：蔡正语、陈淇琦、陈书凝、刁秋宇、丁弋洵、高婉茹、谷颖、何洲涛、黄洋、黄依菁、李姣姣、刘黄心怡、柳庭珺、吕宜峰、茅卓琪、盛怡瑶、石璐微、谭意、汤仪、王斌、温柔佳、杨李叶、朱艺芸、张姚真（按照姓名拼音排序）

课程摄影：朱晔

特别感谢：

上海黄道婆纪念馆

上海徐行草编文化发展有限公司

上海市金山区吕巷镇社区党群服务中心

上海金山农民画院

江苏省南通蓝印花布博物馆

江苏省徐州市王秀英香包工作室

江苏省苏州市盛风苏扇艺术馆

山东省济宁市鲁班木艺研究中心

朱仙镇木版年画国家级非遗传承人任鹤林

白族扎染技艺国家级非遗传承人段银开

苗族蜡染技艺国家级非遗传承人杨芳

凤翔泥塑国家级非遗传承人胡新明

徐州香包省级非遗传承人王秀英

上海徐行草编市级非遗传承人王勤

山东济宁木工制作技艺市级非遗传承人马明文

北京兔儿爷非遗传承人胡鹏飞

上海罗店彩灯非遗传承人朱玲宝

山西布老虎非遗传承人杨雅琴

手工材料包合作单位：

杭州市余杭区蚂蚁潮青年志愿者服务中心

手工材料包研发团队：

李芸、莫梨雯、李洁、刘慧、曹秀琴、缪静静

课程手工材料包
请扫二维码：)

二十四节气与物候

物候是自然界中生物或非生物受气候和外界环境因素影响出现季节性变化的现象。例如，植物的萌芽、长叶、开花、结实、叶黄和叶落；动物的蛰眠、复苏、始鸣、繁育、迁徙等；非生物等的始霜、始雪、初冰、解冻和初雪等。我国古代以五日为候，三候为气，六气为时，四时为岁，一年有二十四节气七十二候。物候反映了气候和节令的变化，与二十四节气有密切的联系，是各节气起始和衔接的标志。

二十四节气与二十四番花信风

五日为候，三候为气。小寒、大寒、立春、雨水、惊蛰、春分、清明、谷雨这八个节气里共有二十四候，每候都有花卉应期盛开，应花期而吹来的风称作"信"。人们挑选在每一候内最具有代表性的植物作为"花信风"。于是便有了"二十四番花信风"之说。

四季之夏
夏满芒夏暑相连

立夏 小满 芒种 夏至 小暑 大暑

烈日骄阳，骤雨滂沱，树木繁盛，雨水与炎热如期而至。夏天是郁郁葱葱的深绿，是林田中的蝉鸣蛙声，是池塘中的映日荷花，是麦场里翻滚的麦浪，是万物生长的季节。

立夏小满生，芒种雨漫漫，夏至蝉始鸣，小暑复大暑。夏季的六个节气包括立夏、小满、芒种、夏至、小暑、大暑。夏季分册包含竹编技艺、草编（徐行草编）、徐州香包、夏布织造技艺、苗族蜡染技艺、制扇技艺等的非遗手工课程。大家动动小手，开动大脑，一起解解夏日闷热吧！

目 录

立夏

清凉一夏

竹编画制作课程

漫山翠竹 劈划抽挑
经纬交织 清凉一夏

立夏是夏季的第一个节气，在每年阳历 5 月 5 至 7 日中的一天。立夏是一个标示万物进入旺季生长期的重要节气。《历书》："斗指东南，维为立夏，万物至此皆长大，故名立夏也。"立夏后，日照增加，逐渐升温，雷雨增多，农作物进入茁壮成长的阶段。"多插立夏秧，谷子收满仓"，立夏前后正是大江南北早稻插秧的火红季节。

立夏分为三候：一候蝼蝈鸣，二候蚯蚓出，三候王瓜生。意思是，这一节气中首先可听到蝼蝈在田间的鸣叫声；接着大地上便可看到蚯蚓掘土；然后王瓜的蔓藤开始快速攀爬生长。在这时节，青蛙开始聒噪着夏日的来临，乡间田埂的野菜也都争相出土日日攀长。

江南的立夏习俗里有所谓的"见三新"，就是吃些这个时节长出来的鲜嫩物。典型的"三新"有樱桃、蚕豆和竹笋，或青梅、麦子和豌豆之类。传统习俗里除了吃，当然还有玩，如立夏日里最著名的"斗蛋"游戏。立夏以后便是炎炎夏天，为了不使身体在炎夏中亏损消瘦，立夏应该进补吃蛋。

漫山的翠竹在夏日的阳光照耀下洒下点点光斑，
带来一阵清凉，
让我们来看看古人是如何利用竹子的吧！

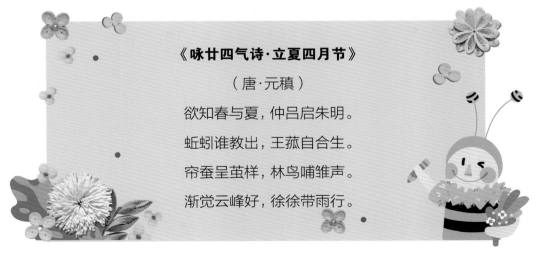

《咏廿四气诗·立夏四月节》
（唐·元稹）
欲知春与夏，仲吕启朱明。
蚯蚓谁教出，王菰自合生。
帘蚕呈茧样，林鸟哺雏声。
渐觉云峰好，徐徐带雨行。

竹编技艺

第二批国家级非物质文化遗产名录（2008 年）

　　竹编技艺是用山上的竹子剖劈成竹篾或竹丝，并编织成各种用具和工艺品的一种手工艺。工艺竹编不仅具有很大的实用价值，更具深厚的历史底蕴。我国南方地区竹子的种类繁多，有淡竹、水竹、慈竹、刚竹、毛竹等二百多种，因此竹编技艺遍布南方各省。劳动人民用竹子制作家具，编制用品，创造了具有不同艺术特色的多种编织技艺。

　　竹编技艺主要分为材料处理、编织和收尾三个阶段。材料处理就是把竹子加工成竹篾；编织就是用竹篾编成各种器具，收尾是不可或缺的辅助补充工序，目的是使竹编产品更加美观、精致、耐用。

　　编织是竹编技艺的核心，传承人们将竹丝、竹篾以挑和压的方法构成经纬交织，同时运用各种技法，如疏编、插、穿、削、锁、钉、扎、套等；或配以染色的竹丝、竹蔑互相插扭，使编出的图案花色变化多样，如米字纹、回形纹、人字纹、牛眼纹等，进而制作出千姿百态的竹编产品。根据编织工艺的不同，竹编可分为平面竹编、立体竹编和混合竹编。

1. 竹丝编篮
2. 竹篾编制
3. 竹编传承人谭汝、程丽
4. 竹篾编制

1 | 2
3 | 4

让我们一起来制作竹编纹样装饰画，
感受传统竹编手工艺人的智慧吧！

清凉一夏

竹编画制作课程

通过学习简单的竹编技法"压一叠一""压二叠二",让小朋友们运用3种颜色的竹篾进行编织,完成一幅平面的装饰图案,用画框装裱,成为一幅独一无二的装饰画。运用竹编技艺制作日常生活用品,体验非遗的艺术魅力。

注意事项:

将竹蔑之间的间隙调整紧凑并合理搭配颜色。

课程材料:

竹蔑(原色20根、红色5根、蓝色5根)、画框1个、白卡纸1张、胶带1卷、铅笔1支、剪刀1把。

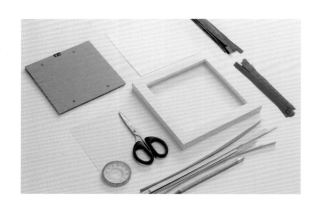

制作流程:

第一步:固定竹篾

将原色竹篾纵向排列整齐(可放置18—20根)作为"经",长度比画框长度多预留2—4厘米,最后用胶带将底端固定住。

第二步:红色竹篾压二叠二技法编织

用红色竹蔑作为"纬"在"经"上进行压二叠二的编织,编织完成后调紧竹篾间的缝隙。

第三步：蓝色竹蔑依次叠加编织

将蓝色竹篾依照上一步骤依次叠加编织，随后按照红、蓝顺序交替编织完成。

第四步：画框大小定位

将画框放置于编织好的竹编画上，用铅笔标注边框的好位置。

第五步：修剪竹编画

铅笔标记好的位置用剪刀依次修剪。

第六步：调整竹蔑间隙

将修整的竹编画平放在桌面上，依次调整竹篾的经纬，以达到紧密结合的效果。

第七步：竹编画装裱一

将修剪好的竹编画放在画框内。

第八步：竹编画装裱二

用白卡纸垫在竹编画的背面。

第九步：竹编画装裱三

盖上相框架，固定相框钉，完成装裱。

清凉一夏

竹编画制作课程成果

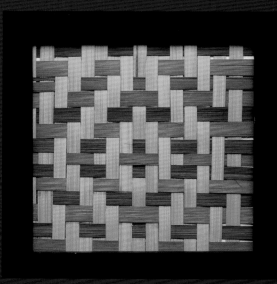

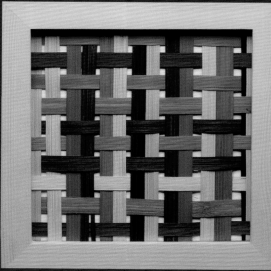

小满

雨生草长

草编彩垫制作课程

江河渐满　雨生草长
黄草移栽　稍得盈满

小满是夏季的第二个节气，在每年阳历 5 月 20 至 22 日中的一天。小满节气意味着进入了大幅降水的雨季，雨水开始增多，全国往往会出现持续大范围的强降水。小满是水与作物的节气，代表了丰沛、收获、种子和希望。小满小满，江河渐满，小满期间是降水最大的时节；另有解释是指北方夏熟作物的籽粒开始灌浆饱满，但还未成熟，只是小满，还未大满。

小满分为三候：一候苦菜秀，二候靡草死，三候麦秋至。意思是，小满节气后，苦菜已经枝叶繁茂；之后，喜阴的一些细软的草在强烈的阳光下渐渐枯死；在小满的最后一个时段，麦子开始成熟。

小满动三车，这里的三车指的是水车、油车和丝车。此时，农田里的庄稼需要充裕的水分，农民们便忙着踏水车翻水；收割下来的油菜籽也等待着农人们去舂（chōng）打，做成清香四溢的菜籽油；田里的农活不能耽误，家里的蚕宝宝也要细心照料，小满前后，蚕开始结茧，养蚕人家忙着摇动丝车缫丝。

小满时节万物生长，也是人工培育黄草的移栽时期，让我们一起来看看黄草是如何变废为宝的吧！

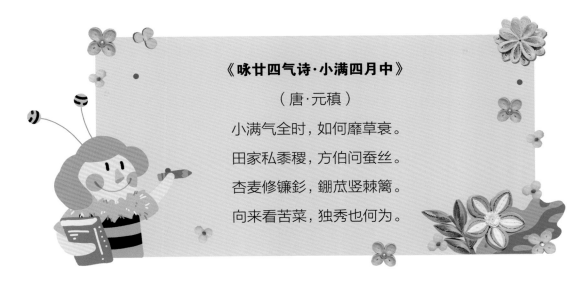

《咏廿四气诗·小满四月中》

（唐·元稹）

小满气全时，如何靡草衰。

田家私黍稷，方伯问蚕丝。

杏麦修镰钐，锄蔬竖棘篱。

向来看苦菜，独秀也何为。

草编（徐行草编）

第二批国家级非物质文化遗产名录（2008年）

  草编是一种以草本植物为主要原材料的传统编结手工艺。作为人类最古老的技艺之一，早在远古时代，编结就已成为中华先民制造实用物品的重要手段。草编技艺在中国民间流传了几千年，在此过程中不断发扬光大。各地民间工匠因地制宜，因材施艺，充分利用草本植物柔韧的秆、皮、芯、叶、根，创造和总结出编、结、辫、扣、扎、绞、缠、网、串、盘等丰富的编结技法，使草编成为广大民众制作日常生活用品的重要手段。

  徐行草编主要流行于上海市嘉定区徐行镇，当地民众经过去苊、开草、浸泡、染色、劈丝、搓捻等多道工序，将黄草等草本植物劈成极细的草丝，去其粗糙、留其初性来编制生活用品。早在清代，徐行编制的嘉定黄草拖鞋即已远销欧亚各国。

  徐行黄草如今由野生改为人工培育，其质地光滑坚韧，色泽淡雅，用它编织出的工艺品纹理清晰，细密匀称，松紧有度，平整光洁，染色或缀以鲜艳的花纹图案后更显精致美观。草编制品主要有拖鞋、拎包、果盆、杯套、盆垫等二十大类上千个品种，色彩丰富，样式美观，使用轻巧方便，地方特色鲜明，乡土气息浓郁。

1. 徐行草编制品
2. 徐行草编制品
3. 徐行草编龙凤拖鞋
4. 徐行草编传承人王勤

1 | 2
3 | 4

小满时节，让我们亲手为家中
增添一件实用又好看的草编垫子吧！

雨生草长

草编彩垫制作课程

让小朋友们认识黄草材料，了解草编工艺，体验编织乐趣。在草编彩垫半成品的基础上，通过"加黄草接头""编织"两个核心工序的学习，完成一定圈数的同心圆编织，形成一个圆形草编垫。最后在草编外圈加上五彩小球，一个可爱又实用的隔热草编彩垫就完成啦。

注意事项：

1. 黄草在 50℃ 左右的温水中浸泡柔软后方可编织。

2. 在编织过程中，黄草也需保持湿润以增加韧性，干燥的黄草会出现断裂现象。

课程材料：

半成品草编垫 1 个、彩色黄草若干、彩色小球若干、胶水 1 支、剪刀 1 把、水盆 1 个、50℃温水 1 盆。

制作流程：

第一步：准备工作

用 50℃ 左右的温水将黄草浸泡至柔软，以免编织过程中出现断裂的现象。选择自己喜欢的黄草颜色，将彩色黄草按照适合编织的粗细劈开，用于下一步编织。

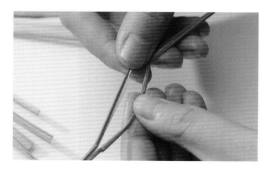

第二步：彩色黄草接头

拿出半成品草垫，用新的彩色黄草套在将即将编织完的原色黄草头上，随后把即将编织完的原色草茎折至草垫的背面。

色黄草经线背后，随后将其从背后穿

第四步：编织（二）

重复第三步的编织动作，直至编织三至四圈后，剪短该色黄草。

第五步：编织（三）

选择另一种颜色的黄草继续编织。步骤重复第二步"彩色黄草接头"与第三步的编织动作。

第六步：收口

再次编织三至四圈后，将有色黄草置于反面，收口打结。

第七步：粘贴毛球

在正面的原色黄草茎根部涂上适量的胶水，并依次在根部粘贴彩色毛球。

第八步：修剪黄草

贴着彩色小球的底部剪去多余黄草茎，草编杯垫制作完成。

雨生草长

草编彩垫制作课程成果

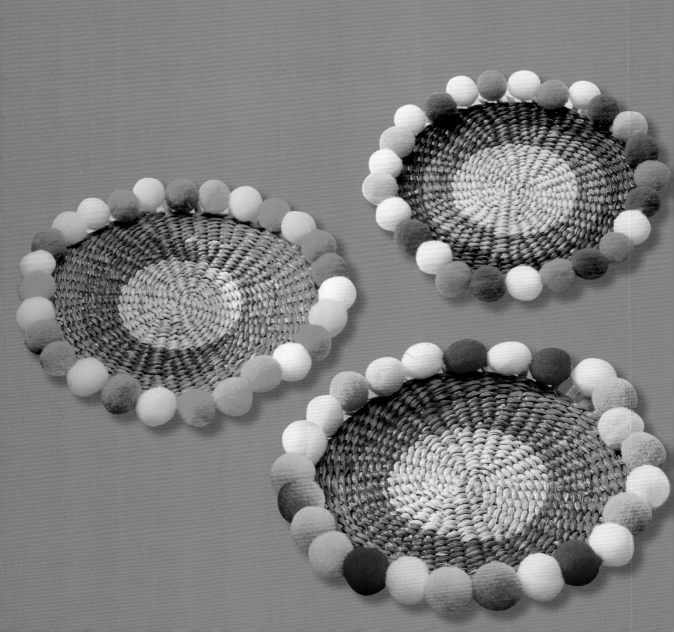

芒种

端午玲珑

祈福驱蚊香包制作课程

芒种仲夏 南风微拂
香囊暗解 祈福驱瘴

芒种又名"忙种"，是夏季的第三个节气，在每年阳历6月5日至7日中的一天。芒种是"有芒之谷类作物可种"的意思，在农耕上有着相当重要的意义。农事耕种以"芒种"节气为界，过此之后种植成活率就越来越低，民谚"芒种不种，再种无用"，讲的就是这个道理。这个时节，正是南方种稻与北方收麦之时。芒种时节气温显著升高、雨量充沛、空气湿度大，此时中国江南地区进入"梅雨"时节；华南地区会出现"龙舟水"。

芒种分为三候：一候螳螂生，二候鹏（jú）始鸣，三候反舌无声。意思是，在芒种时节，小螳螂破土而出，伯劳鸟开始在枝头鸣叫，而反舌鸟却不再鸣叫。

芒种有"送花神"的习俗，这时已经是农历五月了，百花开始凋残、零落，民间在这一天举行祭祀花神仪式，送花神归位，同时表达谢意和盼望，期望来年再次相会。值得一提的是，端午节也常出现在芒种前后，有喝雄黄酒、吃粽子、吃绿豆糕、煮梅子、赛龙舟等习俗。

端午与芒种相邻，端午日纯阳正气汇聚，
古人们常挂香包辟邪祛病，
小朋友们知道香包是怎么制作的吗？

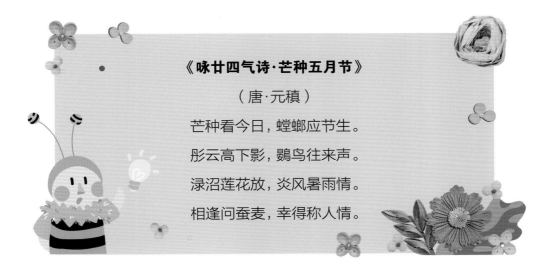

《咏廿四气诗·芒种五月节》

（唐·元稹）

芒种看今日，螳螂应节生。

彤云高下影，鹍鸟往来声。

渌沼莲花放，炎风暑雨情。

相逢问蚕麦，幸得称人情。

香包（徐州香包）

第二批国家级非物质文化遗产名录（2008 年）

　　香包是传统的民间艺术品，制作和佩戴香包的习俗在中国由来已久，可以上溯到战国时期。徐州香包从造型上看，以新、奇、美、真为特色，形状淳朴且多样，有心形、圆形、菱形、元宝形、蝴蝶形、花瓶形、水滴形、长方形、人物娃娃等；从色彩上看，配色艳丽、对比强烈，突出暖色调，显示出一种华丽之美，具有较高的艺术价值。

　　徐州香包工艺独特，尤以绣工精美见长，图案繁多，生动活泼，既有民俗寓意的祝福吉祥图语，又有简洁夸张的花草纹案，寄托着人们祈求祥瑞、辟邪纳福、丰衣足食的美好愿望。同时兼具药用价值，内装的中草药能驱蚊防潮，净化空气，预防疾病。观赏性与实用性兼备，这正是香包生命力旺盛的必要条件。

1. 徐州香包

2. 徐州香包《公子香帽》

3—4. 传承人正在制作徐州香包《针棒》

```
1 | 2
--+--
3 | 4
```

在芒种的节气里，
请我们来体验"端午玲珑"香包制作，
一起祈福驱瘴吧！

端午玲珑
祈福驱蚊香包制作课程

　　根据徐州香包的独特工艺，提供了多种寓意吉祥的花草纹样刺绣贴和各种功效的中草药香料，让小朋友们感受到一个兼具观赏性和功能性的香包的制作过程。做好的香包可用作饰品佩戴，也可置于室内净化空气、驱除蚊虫。

课程材料：
香包空袋 1 个、各类香料 6 种、无纺布袋 1 个、花草刺绣贴 1 个。

中草药的药用价值：
艾草—— 驱蚊驱虫、散寒止痛　　陈皮—— 理气健脾、调中燥湿
薄荷—— 清爽凉快、心神振奋　　香茅草—— 抑制霉菌活性、防止蚊虫叮咬

制作流程：

第一步：搭配香料

根据香料的功能搭配自己需要的香料填入
无纺布袋。

第二步：塞入香包

把塞有香料的无纺布袋打结塞入香包中。

第三步：扣住香包

调整香料的位置使香包造型饱满后，扣上
香包。

第四步：固定刺绣贴

用吹风机的热风把刺绣贴背部的胶水熔化
后粘贴在香包上。

端午玲珑

祈福驱蚊香包制作课程成果

夏至

夏日清风

夏布风铃制作课程

蝉鸣阵阵　清风徐徐
夏布蔓蔓　风铃叮当

夏至是夏季的第四个节气，在每年阳历 6 月 21 日或 22 日。夏至虽然阳气较盛，且白昼最长，但却不是一年中最热的一天，因为此时地表的热量在积蓄，并没有达到峰值。夏至以后北半球地面受热强烈，空气对流旺盛，很容易形成雷阵雨。这种热雷雨来得快，去得也快，降雨范围小，人们称为"夏雨隔田坎"。唐代诗人刘禹锡曾巧妙地借喻这种天气，写出"东边日出西边雨，道是无晴却有晴"的著名诗句。

夏至分为三候：一候鹿角解，二候蝉始鸣，三候半夏生。意思是，夏至阴气生而阳气始衰，所以阳性的鹿角开始脱落；雄性的知了在夏至后，因为感受到阴气而蝉鸣阵阵；在炎热的仲夏，一些喜阴的生物开始出现，而阳性的生物却开始衰退了。

在夏至，民间有祭神祀祖、消夏避伏、吃面条、食粽子等习俗。夏至吃面是很多地区的重要习俗，因夏至新麦已经登场，所以夏至吃面也有尝新的意思。

夏日已至，你们知道古人们
用什么衣料来消解夏日的酷暑吗？

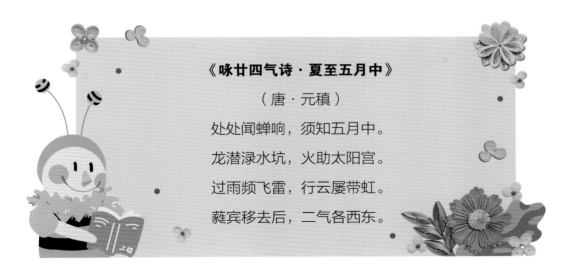

《咏廿四气诗·夏至五月中》

（唐·元稹）

处处闻蝉响，须知五月中。

龙潜渌水坑，火助太阳宫。

过雨频飞雷，行云屡带虹。

蕤宾移去后，二气各西东。

夏布织造技艺

第二批国家级非物质文化遗产名录（2008 年）

夏布生产可溯源到东晋后期，唐代将夏布列为贡品，以产自江西万载和重庆荣昌的夏布为主要代表。夏布以苎麻为原料，苎麻经过传统手工劈成细缕，并拈成细纱，称为绩麻；再经整经、上浆后，用木机织造，称为夏布。它的生产工序包括打麻、挽麻团、挽麻芋子、牵线、穿扣、刷浆、织布、漂洗、整形、印洗等几十道。

由于苎麻纤维与棉花纤维不同，无法用现代化纺织机械加工，夏布只能靠传统手工技艺生产，是一种纯手工且环保的产品。它的颜色有本色、漂白、染色或印花等多种，用途随织物品种而定。例如，纱号较小、条干均匀的，适宜作衣着、工艺材料用；纱号较大的、组织疏松的，多作蚊帐、滤布等用。它不仅细密平整、色泽清秀、莹洁润滑，更具有透气性强、凉爽清汗、坚韧牢固的特点。

夏布看似粗糙，却抚之柔软；看似陈旧朴素，却淡然若风。它完美地与中国人的东方气质相契合，质朴、平和、低调。

1. 麻丝挽成麻团
2. 牵线，织编布的经线
3. 麻纱穿扣
4. 编织夏布
5. 夏布漂洗日晒

1	2
3	4
5	

让我们一起触摸夏布，感受夏布，
制作一个等风来的夏布风铃吧！

夏日清风
夏布风铃制作课程

带领小朋友们了解夏布从原材料到成品的制作过程，风铃寄语是盛夏时节的美好祝福，夏布透凉是炎炎酷暑的美妙体验，夏日清风是夏至的诗画场景。本课程将风铃制作与夏布技艺相结合，让大家亲身体验优秀的传统文化之美。

注意事项：

1. 请家长指导小朋友使用剪刀的正确方法。
2. 夏布质地坚硬，打洞和穿线打结时请家长适当提供帮助。

课程材料：

夏布若干、玻璃风铃、挂件、剪刀。

制作流程：

第一步：剪夏布

挑选不同颜色的夏布，将其分别剪成宽约 1.5 厘米的布条，摆好备用。

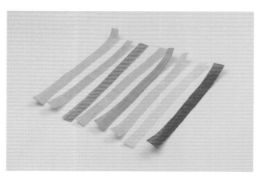

第二步：打洞

用剪刀在每条裁剪好的夏布顶部（如下图位置）剪出一个小洞，注意剪的洞不宜过大，合理利用夏布本身的纹理间隙。

第三步：穿线

取玻璃风铃上的线头穿过夏布上的洞，两边线上各穿 3 至 4 片夏布为宜。

第四步：打结

穿好夏布后打结固定，每边至少打两个结，确保夏布不会掉落。

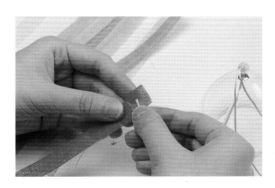 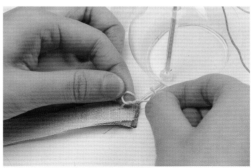

第五步：修型

将过长的线头剪去并修整布条造型。

第六步：串挂饰

将挂饰按图所示串在风铃线上。

 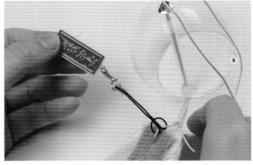

夏日清风

夏布风铃制作课程成果

小暑

蝴蝶妈妈
贵州蜡染手袋制作课程

炎日画蜡　蓝靛浸染
蝴蝶妈妈　代代传承

小暑是夏季的第五个节气，在每年阳历 7 月 6 日至 8 日中的一天。"暑"是炎热的意思，小暑为小热。"三伏天"通常出现在小暑与处暑之间，是一年中气温最高且潮湿、闷热的时段。受来自海洋暖湿气流的影响，这个节气我国多地高温多雨，但对于农作物来讲，却是个茁壮成长的阶段。

小暑分为三候：一候温风至，二候蟋蟀居宇，三候鹰始鸷。意思是，小暑时节大地上便不再有一丝凉风，所有的风都如同热浪一般；由于炎热，蟋蟀离开了田野，到庭院的墙角下躲避暑热；老鹰因地面气温太高而在清凉的高空中活动。

小暑过后家家户户吃新米、尝新酒，农民会将新割的稻谷碾成米，做成香喷喷的米饭，供祀五谷大神和祖先，以此感谢自然的馈赠；家家户户也会趁着晴好天气，把长期放置在屋内的衣服、书画等，晾晒在阳光下，使其去潮去湿，防霉防蛀。

炎炎夏日，让我们把对传统文化的满腔热情，
呈现在一方布袋之上，
去追寻蝴蝶妈妈的足迹吧！

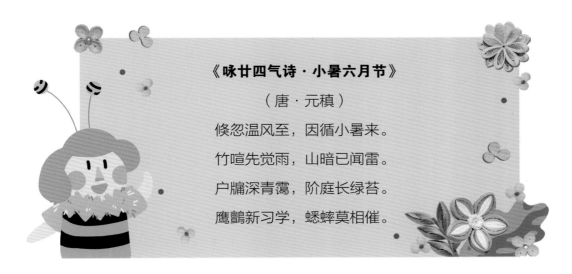

《咏廿四气诗·小暑六月节》

（唐·元稹）

候忽温风至，因循小暑来。

竹喧先觉雨，山暗已闻雷。

户牖深青霭，阶庭长绿苔。

鹰鹯新习学，蟋蟀莫相催。

苗族蜡染技艺

第一批国家级非物质文化遗产名录（2006 年）

　　苗族蜡染是贵州省丹寨县、安顺县、织金县苗族世代传承的传统技艺，古称"蜡缬（xié）"。苗族蜡染是生产者根据自身需要而创造的技艺，产品主要为生活用品，包括女性服装、床单、被面、包袱布、包头巾、背包、提包、背带、丧事用的葬单等。

　　苗族蜡染有点蜡和画蜡两种技艺，从图案上可分为自然纹和几何纹两大类。丹寨苗族蜡染以自然纹为主的大花，这种图案造型生动、简练传神、活泼流畅，乡土气息浓厚。安顺苗族蜡染以几何纹样为主，图案结构松散、造型生动。织金苗族蜡染以细密白色为主，布满几何螺旋纹，图案相互交错，浑然一体。

　　蜡染的制作工具主要有铜刀、瓷碗、水盆、大针、骨针、谷草、染缸等，制作过程有制作蓝靛、发染缸、点蜡、画蜡、浸染、漂洗、脱蜡等工序。苗族女性自幼学习这一技艺，她们自己栽靛植棉、纺纱织布、画蜡挑绣、浸染剪裁，代代传承。

1. 点蜡，铜刀蘸蜡

2. 画蜡，以蜡作画

3—4. 苗族蜡染中的几何纹样

1 | 2
———
3 | 4

让我们一起动手，制作一个贵州蜡染手袋，
体验苗族人民的生活之美吧！

蝴蝶妈妈

贵州蜡染手袋制作课程

　　"蝴蝶妈妈"出自黔东南苗族神话传说《苗族古歌》，是黔东南苗族的祖先。选用身边蜡烛和布料绘制美丽的蝴蝶图案，采用传统技艺制作蜡染手袋，表达祈求"蝴蝶妈妈"庇佑的美好祝福。

课程材料：

香薰炉 1 个、蜂蜡若干、蜡烛 1 支、蜡刀 1 把、布面束口袋 1 个、纸片、蓝靛泥 100 克、食用碱 10 克、还原剂 25 克、一次性塑料碗 1 个、筷子 1 双、一次性手套 1 双。

制作流程：

第一步：调配碱水

碗中倒入 750 毫升 50℃ 左右的温水，加入碱，搅拌至完全溶解。

第二步：加入蓝靛泥

向水中加入蓝靛泥，搅拌均匀。

第三步：加入还原剂

向水中加入还原剂，搅拌 2 分钟左右。

第四步：静置染液

调制好的染液静置 15 分钟左右，待染液变绿，方可进行染色。

第五步：融化蜂蜡

将蜡烛点燃放入香薰炉里，将蜂蜡放在炉上加热，使其慢慢融化。

第六步：尝试画蜡

蜂蜡完全溶解后，将蜡刀浸在蜡液中 10 秒钟左右，在小块实验布上试着画画，找到可以控制出蜡流量的角度。

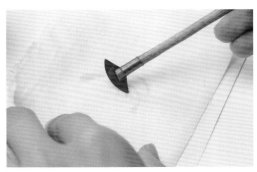

第七步：正式画蜡

将纸片放入束口袋中，以防蜂蜡渗透到袋子的背面。蜡刀蘸上蜂蜡之后沿图案线条画蜡，使蜂蜡覆盖住所有线条。

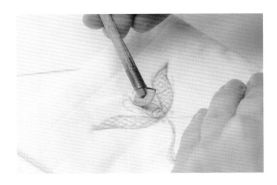

第八步：完成画蜡

图案画好之后，等待染色。

第九步：浸湿布袋

用清水浸透布料后挤干水分，帮助布料更好地上色。

第十步：浸染

将布料打开完全放入染液中染色，不时用筷子翻动几下，确保染液完全浸没布料。

第十一步：氧化

浸染 10 分钟后将布料取出进行氧化，刚取出时布料是绿色的，与空气接触之后慢慢变蓝，每次氧化过程在 10 分钟左右。此过程重复 3 至 5 次，次数越多颜色越深，图案也越清晰。

第十二步：清洗

将染好的布料用清水冲洗干净，多洗几次，直到水完全清澈为宜。

第十三步：脱蜡

将布料放入沸水中煮几分钟，待蜂蜡完全脱落后再用热水清洗几次，将蜂蜡完全洗掉为止。

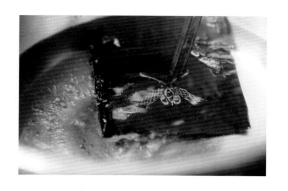

第十四步：晾晒

将手袋完全晾晒干。

蝴蝶妈妈

贵州蜡染手袋制作课程成果

大暑

三伏西瓜

大暑团扇制作课程

大暑炎炎 沉李浮瓜
摇风送爽 纳凉避暑

大暑是夏季的最后一个节气，在每年阳历 7 月 22 日至 24 日中的一天。大暑节气正值"三伏天"里的"中伏"前后，此时阳光猛烈、高温多雨，十分有利于农作物生长，农作物在此期间成长最快。但同时，这个时节各地旱、涝、风灾也最为频繁。

大暑分为三候：一候腐草为萤，二候土润溽暑，三候大雨时行。意思是，陆生的萤火虫将卵产在枯草上，在此节气萤火虫化卵而出，所以古人认为萤火虫是腐草变来的；天气开始变得闷热，土地也很潮湿；时常有大的雷雨出现，这大雨使暑热减弱，天气开始向秋天过渡。

大暑时节，民间有饮伏茶的习俗，伏茶是三伏天饮的茶，这种用中草药煮成的茶水有清凉祛暑的作用。此外，还有烧伏香、晒伏姜、吃荔枝、吃西瓜、赏荷花等习俗。

在没有空调的古代，
人们靠吃在凉水里浸泡过的瓜果与摇团扇度过大暑。
扇子送风纳凉，让我们来看看制扇这项非遗技艺吧！

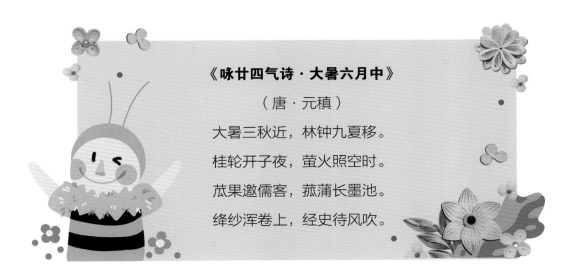

《咏廿四气诗·大暑六月中》

（唐·元稹）

大暑三秋近，林钟九夏移。

桂轮开子夜，萤火照空时。

菰果邀儒客，菰蒲长墨池。

绛纱浑卷上，经史待风吹。

制扇技艺

第一批国家级非物质文化遗产名录（2006 年）

扇子最早称"翣"（shà），在中国已有三千多年历史。一把小小的扇子，除了作为夏日摇动生风的工具，也蕴含着中华传统文化艺术的智慧，凝聚了古今工艺美术之精华。制扇技艺是苏州的地方传统手工技艺，苏扇以雅致精巧、富有艺术特色而著称，历史悠久，驰名中外。成品包括折扇、檀香扇和绢宫扇三大类。明清以来，苏扇在苏州及周边地区广泛流传。

折扇的扇骨制作以变化丰富和精工细致闻名，打磨后的竹折扇骨匀细光洁，高雅古朴。檀香扇从折扇演变而来，以檀香木制扇，散发天然香味。苏州是檀香扇的发源地，有"拉花""烫花""雕花""画花"等工艺。绢宫扇，又名"团扇"，绢宫扇主要有圆形、六角形、长方形、腰圆形等形状，扇面往往绘以山水、花鸟、人物，并题有名人诗句，古色古香，极具观赏性。

苏州雅扇制作集造型、装裱、雕刻、镶嵌、髹漆等精湛技艺于一体，历来是文人雅士不可或缺的掌中宝物。

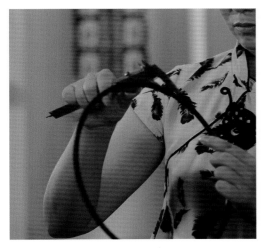

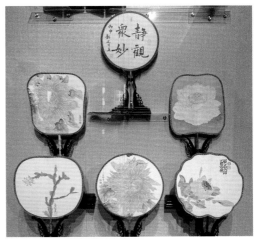

1. 制作宫扇框
2. 绷扇面
3. 团扇包边
4. 苏州宫扇

1 | 2
3 | 4

摇风送爽，在炎炎夏日，
我们一起来体验制扇的趣味吧！

三伏西瓜

大暑团扇制作课程

通过引导小朋友们剪裁扇面，粘贴于扇骨之上，并完成包边。在锻炼动手能力的同时，也让大家感受到制扇的趣味。在炎炎夏日，摇风送爽，将丝丝凉意拂过心田。

注意事项：

贴好扇面后对齐修剪，使两张扇面边缘整齐。

课程材料：

扇骨、西瓜布、白胶、宋锦包边布条、耳纸、扇面样例、画笔刷、水笔、剪刀各一。

制作流程：

第一步：画扇面

照着扇面样例的轮廓画出扇面形状。

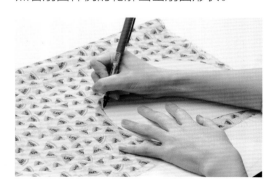

第二步：剪扇面

沿着画好的轮廓线剪出两块扇面。

第三步：绷扇面

把白胶均匀涂在扇面上，并分别将两张扇面依次粘贴在扇骨两面上。

第四步：修扇型

按照扇面的形状剪去多余扇骨。

第五步：宋锦包边

在宋锦包边布背面刷上白胶，把包边布沿着扇子边缘逐步正反贴合，直至完成。

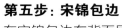

第六步：固定耳纸

在包边的起始和末尾处贴上耳纸固定。

第七步：制作完成

整体调整一下后便制作完成。

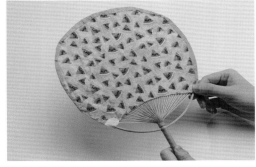

三伏西瓜

大暑团扇制作课程成果

后 记

二十四节气非遗美育课程，是上海市公共艺术协同创新中心（PACC）自2015年来为中小学生研发的传统工艺轻体验课程。课程最初来源于PACC联合主办的"上海国际手造博览会"美育工坊课程，研发主体是上海大学上海美术学院创新设计专业的研究生，研发过程获得了大量非遗传承人群、城市手工设计师和文化机构的帮助。六年来，此课程在非遗进学校、进社区、进美术馆等社会服务中不断完善，逐步成熟，荣获国家教育部和四川省人民政府主办的2021年全国第六届大学生艺术展演活动"高校美育改革创新优秀案例一等奖"。

中国的非遗传承事业，不仅需要非遗传承人和文化机构的努力，更需要公众建立起对非遗的认知，特别是要让孩子们喜欢非遗。本教材甄选二十四项中国传统工艺，在二十四个节气更替之际，让孩子们根据教材居家制作体验，既有动手的无限乐趣，又有中国传统文化的仪式感，让孩子们感悟传统工艺的智慧和美学，理解中国传统文化。

本教材获得上海市文教结合项目的支持。衷心感谢在编写过程中给予帮助的专家学者、非遗传承人、城市手工设计师、文化机构，感谢为课程研发努力付出的上海大学上海美术学院研究生们，感谢上海教育出版社的大力支持。希望能在非遗传承中撒播文化自信的种子。

章莉莉

2023年4月